100 张图

看人类

从人类起源到星际移民

[英]萨斯基亚·格温 著 瞿澜 图 丁将 译

乐乐趣

南京大学出版社

开篇语

欢迎来到人类世界！

人类文明演化的历史画卷，

就在你的眼前徐徐展开……

从地球生命诞生，

到灵长类动物、古人类，

以及现代人类的祖先智人，

人类演化的历程悠久，跨越了漫漫历史长河。

本书将通过100张精美的图片，

带你穿越时光，追溯历史，

了解人类的祖先是如何从海洋中走出、

在树林里奔跑、在冰期中绝地求生的。

准备好加入这场冒险了吗？

我们将踏上一场史上最波澜壮阔的演化之旅。

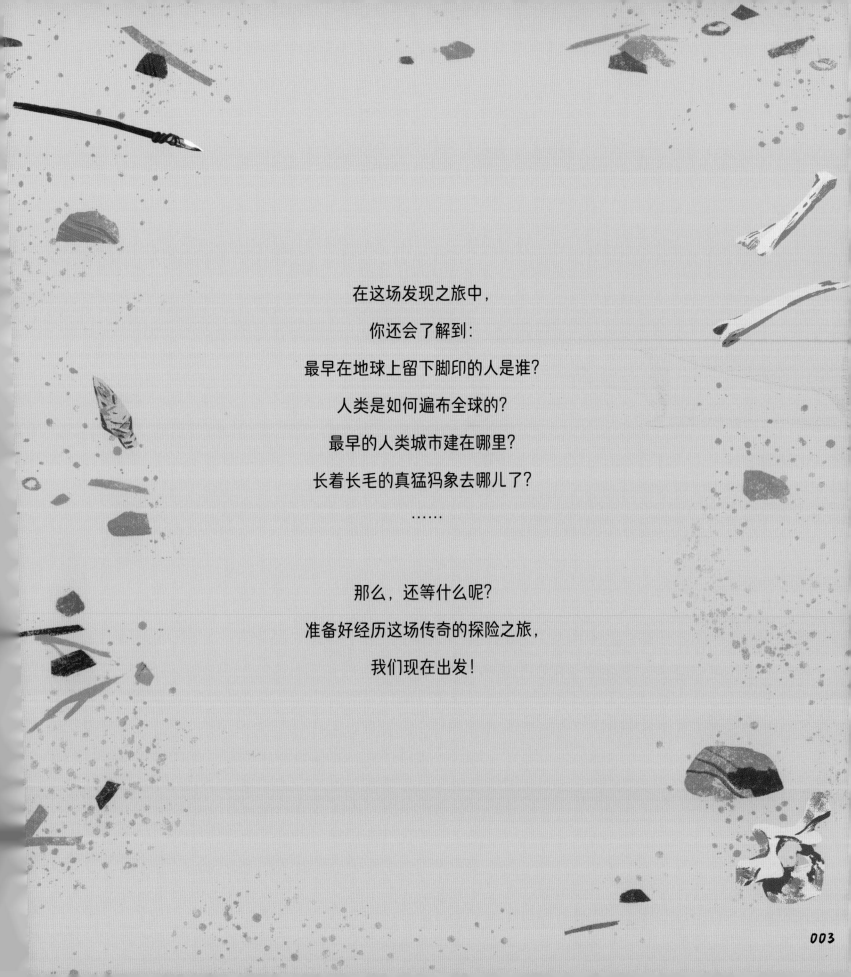

在这场发现之旅中，

你还会了解到：

最早在地球上留下脚印的人是谁？

人类是如何遍布全球的？

最早的人类城市建在哪里？

长着长毛的真猛犸象去哪儿了？

……

那么，还等什么呢？

准备好经历这场传奇的探险之旅，

我们现在出发！

目录

时间线

约35亿年前

约6 500万年前

约700万~600万年前

32~50*
智人

智人出现，并遍布世界各地。

约30万~20万年前

51~76*
人类

地球上现存的唯一人属物种是智人。他们建造了房屋、村落和城市。

约4万年前

77~100*
今天

人类研究地球和生命的演化，预测地球及其生命的未来会是什么样。

现在

 大约45.6亿年前，恒星爆炸后留下的
尘埃渐渐形成了地球

地球

＊地球是太阳系中第一颗孕育出生命的行星。

＊后来的"大氧化"事件，使地球充斥着氧气。

＊海洋中的生物演化出了有脊椎的动物。

＊鱼类和陆地植物陆续出现。植物产生更多的氧气，同时也为动物提供了更多的食物。

＊经过数亿年的漫长历程，生物终于从海洋中走了出来。两栖类和爬行类动物相继出现。

哺乳动物出现，它们与恐龙生活在同一时代

最早的哺乳动物

✳地球生物的演化一刻不停，恐龙出现了。

✳但是在恐龙周围，生活着另一类动物——哺乳动物。

✳哺乳动物是温血动物，体表长有毛发。大多数哺乳动物都是直接产下幼崽。

✳我们已知最早的哺乳动物之一叫摩尔根兽，它长得像鼩（qú）鼱（jīng）。

✳科学家认为，包括人类在内的所有哺乳动物都是从早期哺乳动物演化而来的。

更多的哺乳动物

＊经过了数百万年，最早的哺乳动物不断演化，地球上出现了很多啮齿动物。

＊现代灵长类动物的祖先与啮齿动物的祖先分道扬镳（biāo）。

＊哺乳动物和恐龙同时生活在地球上，但是……

＊大约6 600万年前，一颗巨大的陨石撞上了地球，不久所有的恐龙都灭绝了。

＊较小的哺乳动物幸存下来，后来演化成今天我们熟悉的所有哺乳动物。

最早的灵长类动物

* 大约6 500万年前，地球上出现了最早的灵长类动物，它们是现代狐猴的祖先。

* 狐猴的祖先中，最早出现的类群是树鼩和飞狐猴。它们是现存的与灵长类动物亲缘关系最近的动物。

* 科学家把灵长类动物分为两类。一类是曲鼻猴类，如狐猴和懒猴，它们的鼻子尖端湿漉漉的。

* 另一类是简鼻猴类，如眼镜猴、狨猴和类人猿，鼻子尖端是干的。

* 后来出现了在树梢上行走的曙猿，它们是第一种外形和行为都像现代猴子的高等灵长类动物。

5 灵长类动物中出现大猩猩、红毛猩猩、黑猩猩和倭黑猩猩等大型猿

大型猿

＊地球开始变得温暖。

＊随着时间的推移，草原和稀树草原出现了。

＊红毛猩猩最早的祖先出现，也就是西瓦古猿。

＊它们有着长长的上臂，吃水果和昆虫。

＊倭黑猩猩也出现了。倭黑猩猩与黑猩猩相似，但头部略小。

 灵长类动物中出现长臂猿

长臂猿

＊长臂猿是小型猿类，因臂长而得名。

＊它们有着长而尖的牙齿。

＊长臂猿的叫声非常响亮动听！

＊它们是臂行的好手，可以在树枝间摆荡跃进。

＊大约700万年前，人类才从灵长类动物中演化出来……

最早具有人类特征的灵长类动物出现

托麦人

＊科学家还不知道人类从哪种动物演化而来。

＊人们认为人类不是由黑猩猩等现代猿进化而来的，但我们确实有共同的祖先。

＊约700万~600万年前，非洲生活着撒海尔人乍得种，也叫"托麦人"。

＊托麦人生活在非洲的撒哈拉以南地区。

＊他们跟以前的灵长类动物都不一样。

 土根原初人出现

最早的古人类之一

＊古人类的学名叫作"人属"，是类人物种，也是我们的祖先或近亲。

＊大约600万~580万年前，最早的古人类之一生活在如今非洲的肯尼亚。

＊科学家把这一古人类物种叫作土根原初人。

＊他们是最早可以用双腿直立行走的古人类之一，不过他们仍然会爬树。

＊科学家认为他们的体形和黑猩猩的差不多大。

另一种古人类——始祖地猿出现

阿尔迪

✳约580万~440万年前，非洲生活着另一种早期古人类，即始祖地猿。

✳科学家在埃塞俄比亚发现了一具早期古人类的骨骼化石。

✳这些骨头化石属于一个名字叫"阿尔迪"的雌性始祖地猿。

✳阿尔迪住在森林里，可以在树枝间摆荡移动。

✳科学家也把她叫作"原人"。

 **10** 森林中生活着新的古人类

南方古猿阿法种

✳ 大约390万~300万年前，南方古猿阿法种出现了。

✳ 这种早期古人类的脑袋只有西柚大小，他们的脸也不像猿类。

✳ 他们用两条腿直立行走，不过他们行走的方式可能与现代人类不同。

✳ 他们可能制造了最早的石器。

✳ 南方古猿阿法种存在了近100万年。

 早期古人类生活在树上

树上的古人类

✳一些早期古人类可能会在树上建造巢穴。

✳虽然他们能爬树，但他们并不只生活在树上。

✳有些古人类可能住在洞穴里或草原上。

✳他们也许还能走很长的距离。

✳对于南方古猿阿法种来说，雌性可能会花更多的时间在树上。

12

露西生活在大约320万年前

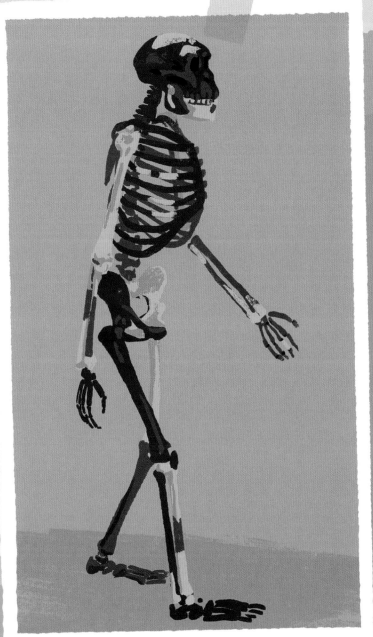

露西

* 露西生活在埃塞俄比亚，她是南方古猿阿法种。

* 她看起来既像猿又像人。

* 她的体形很小，可能还没有今天7岁孩子的体形大。

* 科学家认为她的胸腔像猿，脊椎、骨盆和膝盖更像人类。

* 露西的胳膊很长。

露西吃植物

✴ 露西的发现让科学家认识到，这种南方古猿可能是素食主义者。

✴ 露西吃草、水果和树叶。

✴ 但一些科学家认为，她可能也吃昆虫和蜥蜴。

✴ 这是科学家通过分析露西和其他早期古人类的牙齿化石发现的。

✴ 露西的化石保存在埃塞俄比亚国家博物馆。

古人类以植物为食

14

早期古人类留下了脚印

最早的脚印

＊人们在坦桑尼亚的莱托利发现了早期古人类的足迹。

＊科学家认为他们和露西一样，也是南方古猿阿法种。

＊这些脚印的历史可以追溯到大约350万年前。

＊留下这些脚印的可能是两个成人和一个孩子，有时候大人会抱着孩子走。

＊人们在莱托利也发现了一些动物的足迹，比如长颈鹿和犀牛。

15 古人类开始使用简单工具

最早的工具

✳ 古人类最早使用的工具可能是石头和树枝，类似于今天黑猩猩使用的工具。

✳ 大约330万年前，古人类开始尝试用石头敲打石头。

✳ 他们制作了锋利的石器。

✳ 这些早期工具非常简单，但后来古人类制造石器的工艺更加精细了。

✳ 露西可能会使用石器。

16 古人类中出现了生活在森林和树上的新物种

一种新的古人类

✱大约270万年前，东非和南非生活着另一种南方古猿，他们叫作傍人。

✱与他们的腿相比，傍人的胳膊显得很长。

✱他们的颌部壮硕有力，牙齿也很大。

✱傍人存在了约150万年，他们以植物为食。

✱发现第一块傍人化石碎片的是一名学生。

能人

✦大约240万年前，非洲出现了能人。

✦能人可以制造更高级的石器。

✦"能人"这个名字的意思就是手巧的人。

✦这种早期古人类可能是现代人类的直系祖先。

✦人们在坦桑尼亚的奥杜威峡谷中发现了能人的骨骼化石。

 能人有对生拇指

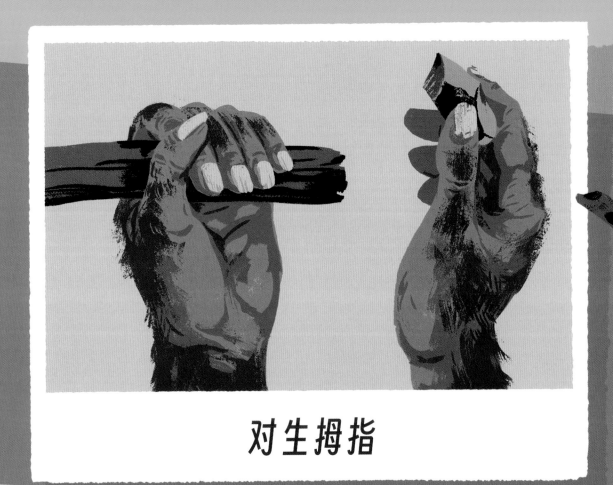

对生拇指

* 能人的拇指能够朝向其他手指弯曲。

* 这意味着他们可以更容易地拿起和抓住物体。

* 他们的手腕也发生了变化。

* 寻找和挖掘树根因此变得更简单了。

* 制作和使用工具也变得更加容易了。

 **古人类用石头制作工具**

✴能人已经可以熟练地使用石头。

✴他们通过小心地敲击砾石的表面，来调整石器的形状。

✴用这种技术制造的石器叫作奥杜威石器，以奥杜威峡谷命名。

✴能人会关注自己所使用岩石的种类，从周围拿取需要的岩石制作工具。

✴制作工具已经成为古人类生活的重要组成部分。

制作工具

肉食者

★古人类开始吃肉是大约260万年前的事。

★那时，全球气候发生了显著变化，非洲古人类可食用的食物变得越来越少。

★能人可能已经开始猎杀一些小型动物。

★他们会砸开动物的骨头，吃里面的骨髓；用锋利的奥杜威石器将肉切割成片。

★科学家认为吃肉有助于古人类脑容量的增大。

大约260万年前，第四纪冰期开始

冰期

* 第四纪冰期以来，地球上的环境发生了很大的变化。

* 地球上的气候忽冷忽热，每个气候周期会持续上万年之久。

* 两极的冰盖逐渐扩张。欧亚大陆处于严寒气候时，非洲大陆变得更干燥。

* 冰期中，古人类的生存变得更艰难了。

* 他们要设法在不断变化的环境中生存下来。

22 匠人出现了

匠人

✷ 匠人大约出现在190万年前的非洲。

✷ 匠人身高约有1.9米，长着比能人更聪明的大脑袋。

✷ 他们可能已经会发出一些简单的人类声音。

✷ 也许是匠人首先学会了用火，制作出更复杂精巧的工具。

✷ 一些科学家认为匠人在东亚演化成了直立人。

 **23** 能够直立行走的古人类

直立人

* 匠人和直立人都有适合直立行走的脊椎。

* 直立人的胳膊更短，腿更长。他们比此前的任何早期古人类都更像现代人类。

* 他们的脸也跟现代人类的非常相似，但是没有下巴。

* 也许是他们制造了最早的双刃手斧。

* 直立人可能会打猎。人们在肯尼亚伊莱雷特发现的脚印表明，他们可能在湖边跟踪动物。

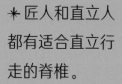

 **24** 匠人会在日常生活中使用火

生火

✴ 匠人有可能在100多万年前就开始使用火了。

✴ 火帮助他们取暖、烹饪食物和驱赶捕食者。

✴ 烹饪让食物更美味，且更易于咀嚼和消化。

✴ 火的高温能杀死寄生虫。

✴ 火堆照亮了夜晚，这意味着他们可以进行更多的活动。

25 与匠人生活在同一时期的另一个古人类物种

＊科学家给他们命名为南方古猿源泉种。

＊这一古人类物种生活在距今约198万年前。

＊人们是在南非发现这一物种的。根据科学家的判断，他们的进化程度不如匠人。

＊南方古猿源泉种最终走向了灭绝。

＊科学家目前还不能确定，这个物种和人类祖先是否存在血缘关系。

另一种古人类

26 古人类走出非洲

迁徙之旅

✻ 科学家认为，早在200多万年前，古人类就已经走出了非洲。

✻ 在中国，人们发现了200多万年前的石器，只是还不清楚是谁制作了它们。

✻ 人们在亚洲的格鲁吉亚和欧洲发现了同样古老的化石和工具，这些古人类化石有一点像能人。

✻ 古人类的迁徙路径，可能包括了今天的阿拉伯地区。

✻ 当时那里的气候要比现在湿润得多！

 **古人类抵达中国和印度尼西亚**

旅程继续

✳直立人在中国生活，不过他们也迁徙到亚洲更远的地方。

✳他们跋山涉水来到了印度尼西亚，在爪哇岛上安家落户。

✳科学家认为，直立人在爪哇岛上生存的时间比在其他地方要更长，直到大约10万年前才灭绝。

✳直立人在东南亚地区演化出了其他人种。

✳其中，吕宋人生活在菲律宾，后来有一种体形非常矮小的佛罗里斯人生活在印度尼西亚。

28

头脑发达的古人类

＊大约在60万年前，非洲和欧亚大陆上都演化出了几种古人类，他们都有着相似的大脑袋。

＊包括生活在非洲、亚洲的古老型智人。

＊还有生活在欧洲、非洲的海德堡人。

＊科学家认为，他们都是从直立人演化而来的。

＊他们会用木头做成长矛，来猎杀动物。

尼安德特人

✳大约43万~4万年前,地球上生活着另一种古人类——尼安德特人。

✳他们的头并不比现代人的小,但是头骨形状不同,面部隆起,眉脊粗壮。

✳尼安德特人的鼻子很大,胸膛宽阔,这有助于他们获得大量氧气,以便完成各种活动。

✳尼安德特人擅长制造各种石器和木制工具。

✳他们利用桦树皮、松脂和蜂蜡制作出了最早的胶水。

猎鸟

* 科学家认为，尼安德特人是强壮而又勇敢的猎人，能够捕猎大型动物。

* 他们也吃植物和贝类。

* 人们在尼安德特人生活过的洞穴中，发现了猛禽的骨头和有修饰痕迹的羽毛。

* 尼安德特人还会收集鹰爪和贝壳，他们把用岩石做成的彩色粉末涂在鹰爪和贝壳上。

* 尼安德特人是最早会埋葬死者的古人类。

丹尼索瓦人

✳ 人们在西伯利亚的一个洞穴中发现了丹尼索瓦人的化石。

✳ 这个名为丹尼索瓦的洞穴非常寒冷，将他们的DNA很好地保存了下来。

✳ 丹尼索瓦人能够在高海拔地区生活。

✳ 他们可能也生活在亚洲的其他地区，比如中国和印度尼西亚。

✳ 丹尼索瓦人最终消失了，但现代人类体内仍保有一部分他们的DNA。

32 解剖学上现代的智人出现

智人

* 最早拥有"下巴"的智人生活在距今约30万年前的摩洛哥。

* 但许多科学家认为他们诞生的时间要早于此。

* 解剖学上现代的智人也被称为现代人。

* 因为他们已有了现代人标志性的特征，如圆圆的脑袋和下巴。

* 智人和其他人属成员生活在非洲和欧亚大陆，如尼安德特人和丹尼索瓦人。

现代人类

* 此时，距离地球上出现最早的灵长类动物已经过去了近6 500万年。

* 智人终于行走在地球上了。

* 他们是人属仅存的唯一物种。

* 智人最早在非洲演化出来并生活于此。

* 从灵长类动物到智人，人类的演化已经走过了漫漫长路。

海滩上的人类

＊在南非，我们可以看到早期人类演化到今天的漫长历史。

＊生活在大约8万年前的早期现代人，善于利用富饶的海岸。

＊他们居住在大型洞穴中，吃大量的贝类，比如贻贝。

＊他们制作了很多的骨质工具和长矛。

＊人们在南非的洞穴中发现了最古老的颜料制作工具和刻有图案的鸵鸟蛋壳。

 人类学会更好地生存

人类走出非洲

＊智人会合作赶
跑凶猛的动物。

＊他们能生火，
会用动物的毛皮
御寒。

＊他们学会了如
何在寒冷彻骨的
冰期中生存。

＊但他们掌握的
技术可能仍然不
及尼安德特人掌
握的先进。

＊当他们离开非
洲时，还会遇到
其他早期人类。

抵达亚洲

✳智人相继离开非洲前往亚洲。

✳这个扩散的过程在20万年以来可能不止发生过一次。

✳他们从东非出发，先是迁徙至阿拉伯半岛。

✳后来，他们到了中国和西南亚地区。

✳最终，他们到达了印度。

37 吕宋人生活在地球上

吕宋人

✳ 吕宋人很可能与智人、尼安德特人生活在同一时期。

✳ 这一早期人类物种是近十几年来才被科学家发现的。

✳ 人们在菲律宾吕宋岛的一个洞穴中发现了这一物种的化石。

✳ 据考证，这个洞穴遗址的年代约在6.7万~5万年前。

✳ 吕宋人和佛罗里斯人的发现表明岛屿是人类演化的重要地点。

佛罗里斯人

＊科学家在印度尼西亚的一个巨大的洞穴中发现了佛罗里斯人的化石。

＊佛罗里斯人身材矮小，身高只有1米左右。

＊他们的脑容量和黑猩猩的差不多大。

＊他们会使用石器，可能猎杀过小象，与科莫多巨蜥战斗过。

＊佛罗里斯人最终也像尼安德特人一样灭绝了。

39 生活在热带的智人

亚洲

✳智人越过重重山脉和沙漠，到达了印度。

✳他们进一步向东迁徙，生活在热带丛林中。

✳他们也到达了马来西亚和印度尼西亚。

✳他们可能在那里遇到了佛罗里斯人和吕宋人。

✳但丹尼索瓦人可能早在5万年前就从地球上消失了。

40 人类抵达澳大利亚

澳大利亚

✦ 这时，智人可能已经掌握了制造船只和弓箭的技术。

✦ 他们也能制作像针这样精细的工具。

✦ 当时的海平面很低，但要到达澳大利亚和一些岛屿，他们也需要船只或木筏。

✦ 人们在澳大利亚发现的最古老的人类遗骸距今约有4.7万年。

✦ 生活在澳大利亚的原住民的祖先可以追溯到那个时代。

智人抵达欧洲

欧洲

* 约5.4万年前，智人开始向欧洲扩散。

* 在欧洲，他们可能遇到了尼安德特人。

* 科学家发现，一些尼安德特人曾经和智人孕育过后代。

* 智人和尼安德特人可能说不同的语言，但他们之间仍然能够互相交流。

* 现代人类的体内仍保留着一部分尼安德特人的DNA。

42 智人和尼安德特人制作带有石头尖的武器

石器时代

＊尼安德特人和智人可能会互相学习。

＊智人拥有更先进的武器，会使用飞镖或弓箭。

＊但他们可能也从尼安德特人那里学到了一些新技能，比如制作桦树皮胶水。

＊智人能够将骨头和牙齿雕刻成项链。

＊他们创造了原始的艺术。

43

人类在冰期中生存

度过冰期

✳寒冷的冰期气候和温暖的间冰期气候更替。

✳冰期来临时，古人类必须找到在严寒中生存的办法。

✳在树木稀少的地方，他们可能会将骨头作为生火的燃料。

✳他们一定有一些衣物御寒。

✳尼安德特人和智人都会制作毛皮和皮革。

 **44** 人类在山洞里创作出了不起的艺术作品

洞穴壁画

＊洞穴壁画的存在表明智人是了不起的艺术家。

＊世界上最古老的洞穴壁画之一在印度尼西亚苏拉威西岛的洞穴内，是大约4.55万年前人类画的野猪。

＊人们在法国的肖维岩洞中发现了以马、狮子和犀牛为主题的美丽画作。

＊这些艺术家们对自己所画动物的身体和行为了如指掌。

＊智人经常画他们猎杀的动物。

拉斯科洞穴

✳在那遥远的过去，夜空一定比我们今天看到的明亮许多。

✳几十万年前，星座的形状也和现在的不一样。

✳科学家还不知道人类是从什么时候开始研究恒星的。

✳但是1万多年以前，人类在法国的拉斯科洞穴中画下了它们。

✳人类利用绘画和故事记录下了数千年来恒星的变化。

46 人类抵达英国

穿越多格兰

＊如果要到达英国，人类必须穿越多格兰。

＊在海平面还比较低的时候，多格兰是位于欧洲大陆和英国之间的一片陆地。

＊尼安德特人和智人都曾在这片广袤的陆地上穿行过。

＊第一批智人抵达英国时，那里的尼安德特人可能已经灭绝了。

＊今天，科学家可以通过海底扫描来观察多格兰的河流和山丘。

47

尼安德特人从地球上消失

✴尼安德特人与智人在同一块土地上生活了大约1万年。

✴没有人确切地知道尼安德特人灭绝的原因，但人们认为他们在大约4万年前就销声匿迹了。

✴科学家还在研究他们灭绝的原因。

✴那时气候寒冷，天气难以预测。

✴也许智人的武器更好，群体间的合作和联系也更密切。

尼安德特人灭绝

真猛犸象

＊最古老的真猛犸象化石距今有100多万年。

＊尼安德特人和智人能够捕猎真猛犸象。

＊真猛犸象在被攻击时可能是很凶猛的。

＊真猛犸象在大约1万年前就几乎灭绝了。

＊但有一小部分在北极的弗兰格尔岛上生存了更久，它们的体形也变小了。

49 现代人在美洲定居

美洲的人类

✳大约在4万年前，现代人就已经在西伯利亚东北部生活了。

✳白令陆桥曾连接西伯利亚东岸和美国阿拉斯加西岸。

✳至少在1.7万年前，现代人就穿过白令陆桥来到了美洲。

✳在约1.3万年前，他们就深入到美洲大陆，并以更快的速度抵达南美洲。

✳在南美洲，他们发现了许多新的动物和植物。

 冰川开始消融

冰期结束

＊冰川开始慢慢消融，冰期终于结束了。

＊冰期结束后，地球气候转暖。

＊地球变得更青翠了，但同时也出现了洪水。

＊生存下来的人类必须改变自己的生活方式，以便适应环境。

＊很快，地球上就只剩下一种人属物种了。

人类

* 大约在4万年前，智人就成了地球上唯一的人属物种。

* 他们生活在联系更紧密的群体中，能够制作更精细的骨质工具和象牙工具。

* 他们大多穿着动物皮毛，逐水而居。

* 人类正在形成新的生活方式，寻找新的野生植物吃。

* 他们逐渐拥有适宜群体发展壮大的环境。

52 人类开始种植农作物

农业传播开来

✳许多地方的人开始以不同的方式开展农业生产活动。

✳有些地方的人会烧毁丛林，为番薯等热带植物开辟更多的生长空间。

✳生活在黎凡特地区的人还会在草原上种植野生小麦，驯养山羊等动物。

✳农业逐渐传播到世界各地。

✳对人类来说，种植农作物是一种完全不同的生活方式，但仍然有许多人在森林里以狩猎为生。

3

更多的人在一个地方定居下来

* 人类种植农作物以及驯养动物，这意味着他们往往一整年都生活在同一个地方。

* 有些村庄的房子是用丛林中的树木建成的。

* 在另一些地方，人们用泥土建造房子。

* 后来，人们开始用石头建造房子。

* 人们用芦苇和草编织的篮子来盛庄稼。

最早的村落

54 人类变得更多了

人口增长

✳ 从玉米、水稻到大麦、扁豆和豌豆，人类在世界各地种植更多的粮食作物。

✳ 现在，人类开始定居下来，繁衍生息。

✳ 村庄的规模变得更大了。

✳ 村子里也有越来越多的人在农场工作。

✳ 人们开始和猫生活在一起，因为猫能抓老鼠。

55 人类和农场的动物

驯养动物

✳ 人类开始驯化并饲养动物。

✳ 科学家认为人类早期的农场里可能养着山羊、绵羊、猪和牛。

✳ 这些动物为人类提供了奶、肉和皮毛。

✳ 人类在农场里养水牛，它们可以帮助人们完成辛苦的工作。

✳ 这个时期的岩画上有牛。

56 马用来驮人类和货物

马背上的人类

✳ 人类最终也驯化了马。

✳ 他们用马来运输货物。

✳ 马驮着货物在田野间奔跑。

✳ 后来，人类也养了驴。

✳ 今天，人们仍然会骑马和驴。

文明

* 大约5000年前，人们在两河流域和印度河流域过上了另一种生活。

* 人口慢慢密集起来，规模较小的村庄发展成规模更大的城市。

* 人们在城市进行贸易活动。

* 城市生活更需要有秩序，因此出现了管理者，他们还制定了一些法律。

* 所有人都要工作，虽然并不能保证绝对公平。

城市与王国

✳ 人类创建的最早的城市包括乌尔、乌鲁克、摩亨佐·达罗、多拉维拉等。

✳ 有些城市逐渐发展成为有统治者的王国。

✳ 王国又发展为帝国。

✳ 在帝国建立的过程中，许多城市被攻占，人们被残酷地对待。

✳ 几千年来，帝国不断地兴起，又不断地灭亡。

青铜时代

★大约5 000年前，人类开始用青铜等金属材料制造各类工具。

★生活在美索不达米亚平原的苏美尔人用青铜制造武器。

★世界各地的人用青铜制作出很多物品。

★其中包括人们乘坐的各种交通工具。

★这些交通工具包括驴车等。

人类发明了轮子并制造出战车

战车

✶苏美尔人制造了世界上最早的带轮子的战车。

✶他们是最早使用车轮的民族。

✶他们用驴拉战车，并迅速将这种战车推广到战争中。

✶后来，世界各地的人都用上了战车。

✶古埃及人也制造了战车。

61

古埃及人建造金字塔

金字塔

＊在大约4 500年前，古埃及人建造了金字塔。

＊古埃及的统治者法老，很多都葬在金字塔里。

＊和他们一同被埋葬的还有各种各样的珍宝。

＊古埃及人还建造了一座著名的狮身人面像。

＊这座雕像是古埃及人智慧的象征，更是埃及最古老、最著名的艺术作品之一。

62 古埃及人驾着最早的船航海

船

✱ 古埃及人很早就开始在海上探险了。

✱ 古埃及人的船又长又窄。

✱ 这些船最早是由橡木、芦苇和纸莎草等材料制作而成的。

✱ 船通常配有帆和桨。

✱ 古埃及人会划着船，到尼罗河和地中海沿岸进行货物贸易。

早期文字

✳ 在美索不达米亚，人们把图画刻在石头上。

✳ 他们用芦苇笔把代表词汇和音乐的绘画文字刻在黏土板上。

✳ 世界各地涌现出许多种文字，它们有着不同的名称。

✳ 美索不达米亚出现的文字是楔形文字。

✳ 古埃及出现的是圣书体，印度河流域出现的是印度河文字。

64

人类制定了最早的法律条文

早期法律

* 大约3 800年前，汉穆拉比国王统治着古巴比伦王国。

* 汉穆拉比国王颁布了早期法律中最明确、最全面的《汉穆拉比法典》。

* 法典规定了人们可以做什么，不可以做什么……

* 法典明确了平民触犯法律应受的惩罚。

* 这些法律条文被刻在一块大石头上。

65

人类修建便于旅行的道路

* 起初，人类走的路是动物踩出来的小径。

* 后来，人类开始用木材和石头修筑道路。

* 很快，这些道路就遍布世界各地。

* 几乎每一块大陆上都出现了长长短短的道路。著名的丝绸之路起始于中国。

* 人们骑着骆驼沿丝绸之路旅行，进行贸易活动。

早期道路

66

人类掌握纺织术

纺织

＊早在大约3万年前，人类就能够将植物纤维编织在一起了。

＊但直到大约1.2万年前的新石器时代，人类才学会织布。

＊后来，人类发明了纺车。

＊一些历史学家认为是印度人发明了纺车。

＊还有一些历史学家认为纺车是中国人发明的。

67

人类沿着丝绸之路进行贸易

✳ 古代中国人在桑树上发现了蚕。

✳ 他们种桑养蚕，用蚕吐出的丝制成美丽的丝绸，在丝绸之路沿途进行贸易。

✳ 丝绸之路跨越欧亚大陆，绵延万里，往来商人络绎不绝。

✳ 贸易的繁盛带来了财富和新的思想。

✳ 一些帝国会用黄金换取丝绸。

养蚕

68 四处奔走的人们，将不同的思想传播到世界各地

思想的传播

✴这时，思想的传播变得空前丰富而广泛。

✴有了便利的道路，人们很快知道了远方的人们是如何生活的。

✴越来越多的人踏上旅途，买卖货物。

✴他们乘着船旅行，在不同的地方落脚。

✴在旅途中，人们也传播了他们的宗教思想。

纸的发明

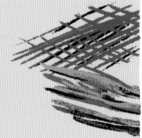

＊千百年来，人类在不断地发明创造。

＊他们用树皮、废麻、破旧的布和渔网等成功造出了纸。

＊在此之前，人们在昂贵的丝绸等材料上书写。

＊中国人最早用植物纤维造纸。

＊后来，世界上其他地方的人也学会了造纸。

人类和机械

✳ 人类发明了拖拉机和联合收割机等农业机械，农场的规模变得更大了。

✳ 这意味着人们可以生产出更多粮食。

✳ 人们生产粮食的效率也进一步提高了。

✳ 更多的食物意味着能养活更多的人。

✳ 于是人口数量增加了。

人类和工业

＊人类用钢铁制造机器。

＊他们使用煤炭等燃料作为动力来源。

＊后来，人类在工厂里安装了大量的机器。

＊这使得他们能够以更快的速度生产商品。

＊从衣服到卫生纸，再到罐头、报纸和汽车。

72

人类发展出拯救无数生命的医学技术

人类与医学

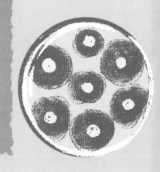

✶医生爱德华·詹纳发明了天花疫苗，挽救了无数人的生命。

✶1928年，亚历山大·弗莱明发现了青霉素。青霉素是第一种能够治疗感染的抗生素。

✶医学的面貌被彻底改变了。

✶医学的进步使得世界人口数量快速增长。

✶人类建造医院已经有上千年的历史。现在，人类有了更先进的医学技术来攻克疾病。

人类与铁路

✳1825年，英国开通了世界上第一条铁路。那时候的火车还是由蒸汽驱动的。

✳现在，火车遍布全球。

✳人类旅行的速度比以往任何时候都快。

✳磁悬浮列车是世界上跑得最快的列车。

✳这种列车运行在安装了磁铁的高架轨道上。

达尔文帮助人类解开
生物演化之谜

达尔文

✻科学家查尔斯·罗伯特·达尔文写道:"地球上所有的生物,包括人类在内,有着共同的祖先。"

✻他告诉我们,人类和动物都是由古老的生物演化而来的。

✻他解释说,生存能力强的动物会有更多的后代。

✻他出版了一本赫赫有名的著作——《物种起源》。

✻在达尔文进行研究的同时,人们发现了灵长类动物的化石和第一批尼安德特人的化石,这些化石有力地支持了达尔文的观点。

75

罗阿尔德·阿蒙森抵达南极点

人类抵达南极点

✳挪威探险家罗阿尔德·阿蒙森是第一个到达南极点的人。

✳罗伯特·斯科特率领团队与阿蒙森比赛，看谁先到南极点。

✳不幸的是，由于环境恶劣，斯科特和他的队员们没能活下来。

✳当时的人们认为，南极点是最后一个没有被人类探索过的陆地区域。

✳现在，研究人员常年生活在那里，研究冰川、气候和动物。

76 人类在全球建造了乡村、小镇和城市

人类的世界

* 几千年来，王国和帝国的兴亡此起彼伏。

* 来自世界各地的人们混居在一起，把他们的语言、思想和文化带到乡村、小镇和城市。

* 早期人类曾狩猎的森林变成了宽阔、漫长的道路或灯火通明的城市。

* 人们不断发现很久以前的人类化石。

* 我们仍然做着我们的祖先做过的一些事情！

77

人类仍然做着我们的祖先在200万年前做的事情

今天的人类

✴我们的祖先住在树上，现在孩子们爬树玩。

✴人们也会捡起石头看看它们是由什么构成的，有时还会用它们敲打其他石头。

✴我们仍然在使用石锤、石磨等石器！

✴人们会生起篝火来烹饪肉类和其他食物。

✴但我们也在尝试新事物，我们仍在不断演化。

78

学校已有数千年的历史

人类与学校

＊学校教育为人类打开认识世界的大门。

＊教育可以帮助人类了解自己的过去。

＊在学校里，我们能学到关于人类起源和发展的知识。

＊但不是每个人都能够幸运地上学，接受教育。

＊在一些国家和地区，人们仍然在为学习的权利而斗争。

世界各地的人们吃不同的食物

人类与食物

✱现在人们食用各种各样的肉、鱼、谷物、蔬菜和水果。

✱食物常常被装进包装，保存在冰箱里。

✱在准备食物的时候，人们会戴上手套，避免食物沾上细菌。

✱但是有些来自食品包装的塑料垃圾，会污染土地和海洋。

✱当前，全球的食物浪费问题十分严重。

路上的人类

✳ 和火车一样，最早的汽车也是由蒸汽驱动的。

✳ 后来诞生了电动汽车，但这些汽车的速度不是很快。

✳ 再后来，人类找到了用燃料驱动汽车的方法。

✳ 人类开始在工厂里大量生产燃油汽车，最初的汽车和你现在看到的不太一样。

✳ 现在，新型电动汽车越来越受欢迎，因为它们更加环保。

81 借助飞行器，人类也能在天空中飞行

人类的飞行

✳人类已经找到了在天空中飞翔的方法！

✳1891年，德国人奥托·李林塔尔发明了第一架滑翔机。

✳美国莱特兄弟威尔伯·莱特和奥维尔·莱特，发明了世界上第一架飞机。

✳他们的第一次成功飞行只持续了12秒。

✳如今，人们制造出了各式各样的载人飞机。

人类进入太空

探索太空

＊1961年，苏联宇航员尤里·加加林成为世界上第一个进入太空的人。

＊1969年，人类登上了月球。尼尔·阿姆斯特朗是第一个踏上月球表面的人。

＊现在，人类甚至可以在太空航天器外行走。

＊人们可以看到数亿光年外的星系。

＊有些人甚至生活在太空中！

探索海洋

＊地球上的生命起源于海洋。

＊人类能够在海里游泳，和海洋生物一起潜水。

＊人类不能独立在水下生存，但可以乘坐潜艇在水下漫游。

＊有时，人们甚至住在潜艇里。

＊全球变暖正在使海洋的温度升高，人类需要尽快找到保护海洋的办法。

探索地球

✦尽管人类发明了很多的交通工具，但地球上仍然有许多人类从未去过的地方。

✦马里亚纳海沟是海洋中最深的地方。

✦去过那里的人比去过月球的人还少！

✦事实上，海洋中的大部分区域仍然未被人类探索过。

✦人类也在不断地发现生活在地球上的新物种。

世界各地的人类居住在各种各样的房屋中

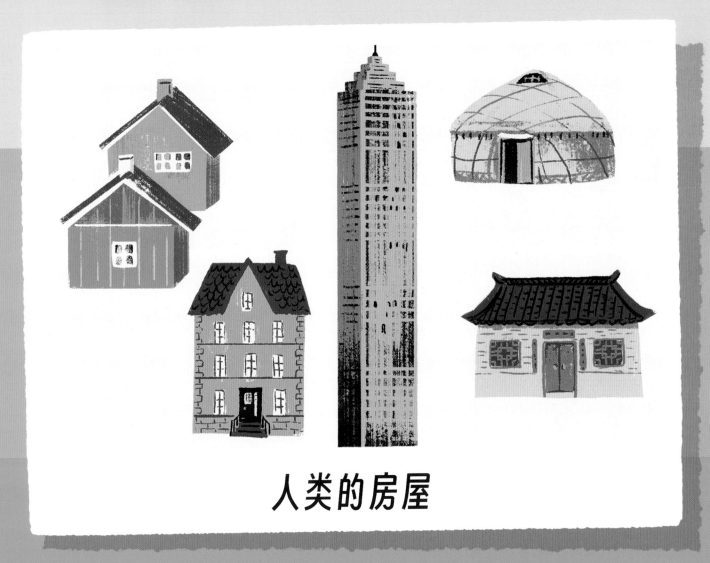

人类的房屋

✳人类的房屋由泥土、砖、石、木头、钢材等建造而成。

✳世界上依然有许多人生活在森林里或山上。

✳人类仍然会与动物一起生活在草原上。

✳人类也仍然会住在用冰雪建造的房子里。

✳人们一直在寻找建造房屋的新方法。

人类的建筑

✳ 有些建筑非常高，云会从它们的窗前飘过。

✳ 有些人住在用树枝、草和动物粪便建成的低矮的房子里。

✳ 有些人住在地下的房子里。

✳ 人们可不只会建造房屋……

✳ 他们还建造了医院、机场、主题公园等各种各样的场所。

在漫长的岁月中，人类发明了各种保持健康的方法

人类与运动

✳ 人类的祖先曾在树枝间荡来荡去，在草原上奔跑追逐猎物。

✳ 人类现在仍然会奔跑、跳高和跳远。

✳ 几千年来，人类发明了无数种体育运动，比如足球、篮球和网球等。

✳ 奥林匹克运动会是古希腊人在2000多年前发明的体育赛事。

✳ 很久以前，奥运会上还有一些野蛮残酷的比赛项目。

88

如今，人类的脑容量是
大型猿类祖先的3倍

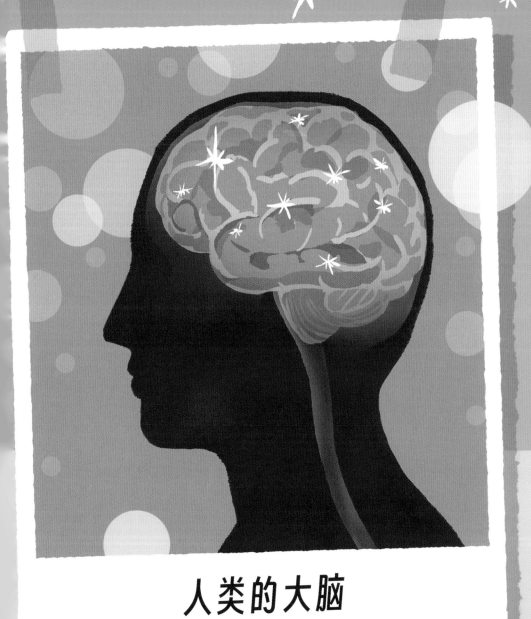

人类的大脑

✴ 现代人类的大脑重约1400克。

✴ 人脑中的脂肪含量约为60%。

✴ 你的大脑中布满了神经元。神经元会产生神经冲动，冲动信号会在细胞间传播。

✴ 它们向你的大脑发送有关如何感受、思考或行动的信息。

✴ 人类凭借聪明的大脑，制造出许多不可思议的东西。

 **89** 人类制造出长得像人的机器人

机器人

* 人类凭借自己演化了数百万年的大脑，创造了人工智能。

* 人类创造了可以帮助人类工作的机器人。

* 机器人技术是人类最伟大的发明之一。

* 机器人可以替我们搬东西，给我们播放音乐，帮我们与他人交谈，甚至搬动我们的身体！

* 但是机器人缺少人类所拥有的感官。

科学家认为人类的身体至少拥有5种感官

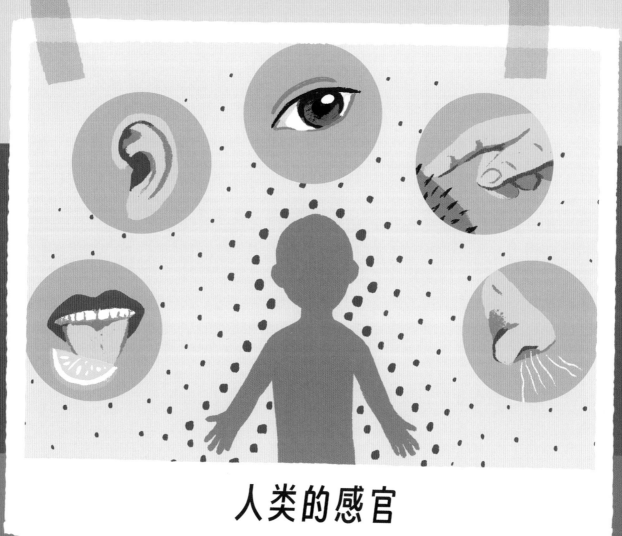

人类的感官

✳ 人类的感官让我们拥有味觉、嗅觉、视觉、听觉和触觉。

✳ 感官会告诉我们声音的大小。

✳ 感官也会告诉我们是冷是热。

✳ 感官还会告诉我们是否疼痛。

✳ 感官甚至能帮助我们感知危险的来临。

 **91** 现在，人类有上千种不同的工作

人类的工作

✳ 人类仍然做着种植农作物和销售物品的工作。

✳ 数千年来，人们创造了很多有趣的工作。

✳ 例如探索海洋最深处的生命的工作。

✳ 从事高难度的运动或建造大型建筑的工作。

✳ 还有研究恐龙化石和早期人类遗址的工作。

人类与气候

✳ 数百万年来，地球的温度一直忽高忽低。人类正在研究气候变化的原因。

✳ 当有太多二氧化碳进入大气层时，就会破坏大气层，导致地球变暖。

✳ 树木能够吸收二氧化碳，排出氧气，因此植树造林可以帮助人类保护地球。

✳ 燃烧燃料或驾驶机动车，也会释放二氧化碳等温室气体。

✳ 人类正在通过循环利用或使用清洁能源的方式来减少碳排放，减缓气候变暖。

世界各地的科学家都在
寻找古人类化石

研究古人类化石

* 科学家依然在研究古代遗迹。

* 他们寻找那些埋藏在不为人知之处、需要被挖出来的化石。

* 在洞穴、海滩和丛林中，他们都发现过古人类化石。

* 他们用铲子、凿子和刷子等工具让化石重见天日，尽可能地拼成完整的骨架。

* 他们也发现了许多能让我们了解人类历史的物品，比如壁画、船只和毯子等。

确定化石年代

✳ 科学家有许多方法来确定化石的年代。

✳ 常用的一种方法是测量骨头中含有多少放射性碳元素。

✳ 随着时间的推移，死亡生物体内的放射性碳元素会不断衰变。

✳ 骨骼化石里的放射性碳元素越少，就证明它越古老。

✳ 碳十四断代法最远可以探测到大约6万年前的化石。

科学家通过检测人类化石中的
DNA了解更多信息

人类DNA

* DNA就像是我们身体生长的配方，它储存在我们的细胞中。

* 科学家提取了人类骨骼化石中的DNA，并对其进行研究。

* 据此，他们可以分辨出这些化石属于男性还是女性。

* 他们能判断出这些化石主人的肤色，甚至眼睛的颜色。

* 他们还能分辨一块化石是来自现代人类，还是来自尼安德特人等古人类。

科学家在非洲发现能人的骨骼化石

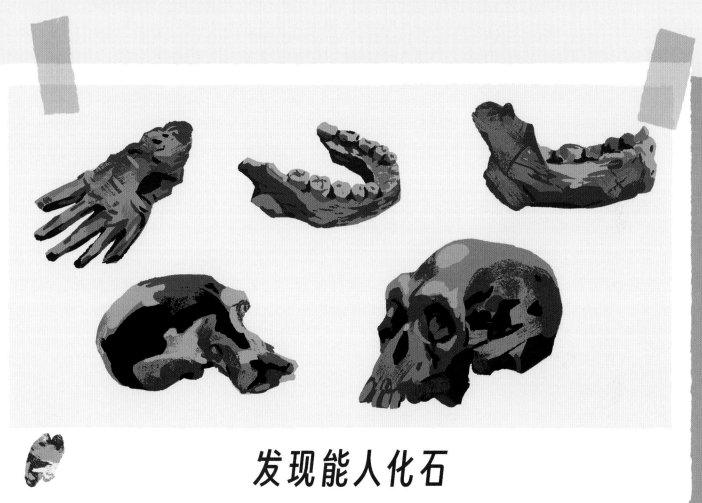

发现能人化石

✴ 大部分的能人化石都是在非洲发现的。

✴ 一些科学家认为能人与南方古猿非常相似，所以他们更喜欢称能人为南方古猿灵巧种。

✴ 科学家在肯尼亚、坦桑尼亚和埃塞俄比亚都发现了能人化石。

✴ 科学家通常找不到完整的骨骼化石，而是找到腿骨、脚骨或头骨等部分化石。

✴ 你可以在坦桑尼亚奥杜威峡谷的博物馆或其他博物馆看到能人的化石。

发现直立人化石

✳ 直立人可能是
由非洲一个古老
的人种——匠人
演化而来的。

✳ 考古学家在洞
穴中发现了直立
人的骨骼化石。

✳ 他们还发现了
鬣狗和其他动物
的骨骼化石。

✳ 他们将在印度
尼西亚发现的一
块化石的主人称
为"爪哇人"。

✳ 他们称另一块
在中国发现的化
石的主人为"北
京猿人"。

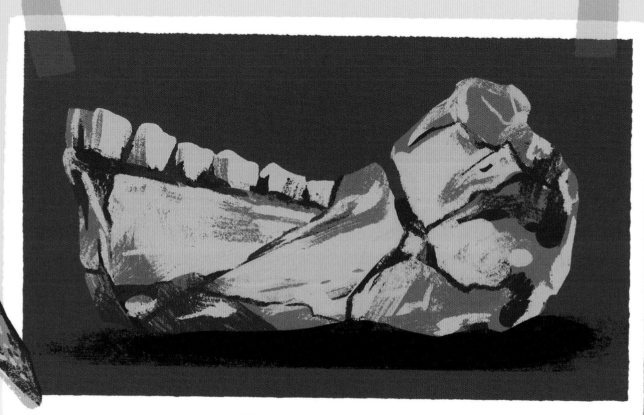

发现智人化石

✳ 大约30万~20万年前的非洲智人与现代人类有不同程度的相似之处。

✳ 智人的祖先可能来自不止一个地区。

✳ DNA表明，智人约在30万年前就已散布在非洲大陆各地。

✳ 每一块化石都能帮我们描绘出一幅千万年前人类生活的图景。

✳ 不过，关于早期智人是如何演化的，还需要科学家继续研究。

 **99** 人类一直在寻找关于自己祖先的新信息

新发现

＊考古学家、古生物学家和其他科学家一直在寻找古人类和早期人类的新信息。

＊一些物种出现的时间，也会因为科学家的新发现而改变。

＊他们还在不断地发现新的古人类物种。

＊新发现有时会改变我们精心建构的历史图景。

＊也许有一天，科学家能够描绘出一条从地球诞生至今，人类祖先演化的完整时间线。

人类的未来

* 没有人知道地球的未来会如何演化。

* 但我们知道，人类必须要做出改变，保护地球环境。

* 未来几十年或几百年，人类可能会在南极洲耕种，或者生活在另一个星球上。

* 人类的未来有待创造。

* 现在，我们仍在努力解开过去的秘密。

著名的发现

多年来，科学家一直在努力寻找人类祖先的踪迹，下面是一些著名的发现。

这个头骨化石发现于法国的克罗马农山洞，是人们较早发现的智人化石之一。

一名学生在南非首次发现了傍人的化石碎片，罗伯特·布鲁姆将这个新物种定名为傍人粗壮种。

1868年

1938年

1907年

1968年

这个古老的海德堡人颌骨化石是在德国海德堡被发现的。

彼得·恩祖贝在奥杜威峡谷发现了最完整的能人头骨化石。它的绰号叫"纤细"。

这个南方古猿阿法种别名为"露西"，是在埃塞俄比亚的哈达尔被发现的。

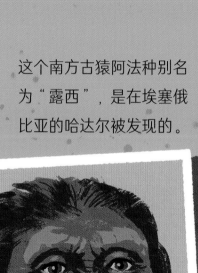

这些佛罗里斯人的骨骼化石，是在印度尼西亚佛罗里斯岛的利昂·布阿洞穴中被发现的。

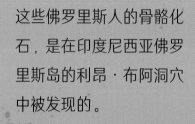

1974年

2003年

1980年

2021年

一名当地僧人在青藏高原边缘的白石崖溶洞中发现了这个夏河人的下颌骨化石。

这9个尼安德特人的骨骼化石，是在罗马的一个洞穴中被发现的。

词汇表

捕食者：一种会杀死其他生物并将其吃掉的生物。

帝国：由一个人统治的版图很大的国家。

古人类：古时候的人类祖先或近亲。

海平面：海水所保持的水平面。

化石：古代生物的遗体、遗物或遗迹因埋藏在地下演变成的跟石头一样的东西。

环境：我们周围的所有物理条件，包括空气、水和土地等。

黎凡特：地中海东岸的一个地区。

灵长类动物：哺乳纲的一个目，最高等的哺乳动物。

气候：一个地方多年的天气特征。

迁徙：从一个地方迁移到另一个地方，往往是群体迁移。

松脂：松树等树干上渗出的胶状液体。

碳：一种所有生物体内都有的化学元素。

文明：人类社会发展水平较高的阶段。

演化：指某物（比如动物）随着时间慢慢变化或发展。

疫苗：一种能帮人们增强免疫力，抵御有害疾病的生物制品。

玉米：一种高大的粮食作物。

祖先：演化成现代各类生物的古代生物。

索引

This edition copyright © Ronshin Group 2023

Created by Lucky Cat Publishing Ltd, Unit 2 Empress Works, 24 Grove Passage, London E2 9FQ, UK

Text by Saskia Gwinn

Illustration by Qu Lan

Designed by Ella Tomkins

Edited by Jenny Broom

图书在版编目（CIP）数据

100张图看人类：从人类起源到星际移民 ／（英）萨斯基亚·格温著；瞿澜图；丁将译. -- 南京：南京大学出版社，2023.10（2024.4重印）

ISBN 978-7-305-27278-3

Ⅰ. ①1… Ⅱ. ①萨… ②瞿… ③丁… Ⅲ. ①人类学—少儿读物 Ⅳ. ①Q98-49

中国国家版本馆CIP数据核字(2023)第168075号

出版发行 南京大学出版社

社 址 南京市汉口路22号 **邮 编** 210093

100张图看人类 从人类起源到星际移民

100 ZHANG TU KAN RENLEI CONG RENLEI QIYUAN DAO XINGJI YIMIN

[英]萨斯基亚·格温 著 瞿澜 图 丁将 译

图书策划 马 莉 **责任编辑** 王薇薇

封面设计 许 将 **特约统筹** 刘清园

美术编辑 许 将

开本 889 mm×1194 mm 1/14 开 **印张** 8

字数 72.5千字

印刷 鹤山雅图仕印刷有限公司

版次 2023年10月第1版

印次 2024年4月第2次印刷

书号 ISBN 978-7-305-27278-3

定价 48.80元

出品策划 荣信教育文化产业发展股份有限公司

网址 www.lelequ.com **电话** 400-848-8788

乐乐趣品牌归荣信教育文化产业发展股份有限公司独家拥有